Abdul Rafay Mehwar

Energia alternativa e sua aplicação industrial

Abdul Rafay Mehwar

Energia alternativa e sua aplicação industrial

ScienciaScripts

Cover image: www.ingimage.com

This book is a translation from the original published under ISBN 978-3-659-82347-3.

Publisher:
Sciencia Scripts
is a trademark of
Dodo Books Indian Ocean Ltd. and OmniScriptum S.R.L publishing group

120 High Road, East Finchley, London, N2 9ED, United Kingdom
Str. Armeneasca 28/1, office 1, Chisinau MD-2012, Republic of Moldova, Europe
Printed at: see last page
ISBN: 978-620-8-23604-5

ÍNDICE DE CONTEÚDOS

Resumo 2

Agradecimentos 3

Antecedentes 4

Necessidade de energia solar 6

1. Objectivos e metas dos projectos 7

2. Teoria 8

3. Instalação experimental 30

4. Fabrico 47

5. Trabalhos futuros 49

6. Aplicações 53

7. Bibliografia 54

Resumo

Atualmente, a maioria dos países depende fortemente dos combustíveis fósseis e da energia nuclear para produzir eletricidade. O resultado é um sistema que carece de diversidade e segurança, ameaça a saúde dos habitantes, põe em risco a estabilidade do clima da Terra e rouba às gerações futuras o ar puro, a água potável e a independência energética. Felizmente, as energias renováveis, como a solar, a eólica e outras, são capazes de satisfazer uma parte significativa das necessidades energéticas e podem ajudar a atenuar muitos dos problemas acima referidos, proporcionando também outros benefícios importantes. Assim, para utilizar esta energia solar, foi projetado e fabricado um concentrador solar com espelhos de Fresnel.

É constituída por uma estrutura feita de tubos de aço com uma dimensão de 72 x 48 polegadas e os espelhos foram fixados de forma a poderem ser rodados manualmente em ângulo. Há sete placas rectangulares de espelhos com cerca de 0,2 polegadas de espessura, colocadas em determinados ângulos de modo a refletir a luz solar num recetor. A simulação do ângulo dos espelhos foi feita no software MATLAB para verificar em que ângulo são reflectidas as radiações solares máximas.

Os espelhos utilizados tinham uma dimensão de 69,6 x 5,0 polegadas cada, colocados em ângulo numa estrutura, no ponto focal dos espelhos está ligado um tubo de vácuo solar que actua como recetor. Este tubo permite a passagem da luz mas retém o calor radiante e o pequeno espaço de ar actua para isolar o recetor e minimizar as perdas de calor. O recetor é preenchido com um fluido de transferência de calor, que é basicamente um fluido com elevada capacidade térmica e que não muda de fase a temperaturas muito elevadas. O nitrato de sódio e o therminol-66 são os melhores exemplos de meios de transferência de calor. Depois de o fluido ser aquecido, vai para um permutador de calor onde a água é convertida em vapor.

É utilizado um tubo de vidro de 71 polegadas. O meio de transferência de calor é o therminol-66. O resultado é a produção de uma quantidade de vapor que nos permite gerar 500 1 Watt de potência.

O aumento da escala do projeto pode resultar na produção de vapor suficiente para acionar turbinas a vapor e produzir megawatts de energia.

Agradecimentos

Em primeiro lugar, gostaria de agradecer aos meus pais pelo seu encorajamento. Todo o apoio que me deram ao longo dos anos foi a maior dádiva. Também tenho de agradecer à Professora Assistente Zia Ud Din por nos ter ajudado de muitas formas, o que resultou no sucesso do meu projeto. Agradeço à minha equipa pelo seu contributo.

Em seguida, tenho de agradecer a todas as pessoas da Universidade Nacional de Ciências e Tecnologia, que me ajudaram e orientaram para que este projeto fosse bem sucedido.

Acima de tudo, graças a Alá Poderoso

Antecedentes

Com o avanço da tecnologia e a utilização de muitos aparelhos electrónicos, a vida torna-se muito difícil sem eletricidade. Daí o amplo fornecimento de eletricidade que pode satisfazer as necessidades energéticas da indústria. Os combustíveis fósseis são recursos não renováveis porque levam milhões de anos a formar-se e as reservas estão a esgotar-se muito mais rapidamente do que se formam novas reservas. A produção e a utilização de combustíveis fósseis, como o carvão, o gás natural e a energia nuclear, também suscitam preocupações ambientais, pelo que está em curso um movimento global para a produção de energia renovável para ajudar a satisfazer as necessidades crescentes de energia. A lenha, o vento, a água e o sol têm sido utilizados para cozinhar, aquecer e realizar outras tarefas. Durante a revolução industrial, estas formas de energia renovável foram substituídas por combustíveis fósseis, como o carvão e o petróleo. Desde as décadas de 1960 e 1970 que a atenção se tem centrado nas fontes de energia renováveis, não devido à preocupação com o esgotamento dos combustíveis fósseis, mas também devido à apreensão em relação às chuvas ácidas e ao aquecimento global provocado pela acumulação de dióxido de carbono na atmosfera. Os combustíveis fósseis estão a tornar-se ainda mais caros, especialmente após o embargo petrolífero da década de 1970. O preço do petróleo está a aumentar e o seu fornecimento é incerto. Mesmo que o fornecimento de petróleo seja contínuo, o custo da importação de petróleo é enorme (o que esgotará o erário público nacional) e, por conseguinte, o Paquistão tem de contrair empréstimos junto de instituições como o FMI e o Banco Mundial, o que agrava o problema da dívida. No ano de 2006, o Paquistão importou crude no valor de 6,7 mil milhões de dólares. Nesta situação, a energia solar é a necessidade do momento, uma vez que estes problemas serão eliminados. Além disso, o território do Paquistão está bem dotado para projectos de energia solar, uma vez que possui vastas extensões de região desértica que recebe uma grande quantidade de radiações solares ao longo do ano. As fontes de energia renováveis são mais limpas e abundantes, mas tendem a dispersar-se e a sua recolha é mais dispendiosa. Algumas delas, como a eólica e a solar, são intermitentes por natureza, o que torna necessário o armazenamento de energia ou sistemas de produtos distribuídos. Por conseguinte, o custo direto das energias renováveis é geralmente mais elevado do que o custo direto dos combustíveis fósseis. Ao mesmo tempo, os combustíveis fósseis têm custos indirectos ou externos significativos, como a poluição, a chuva ácida e o aquecimento global. Na indústria têxtil, a água quente e o vapor são amplamente utilizados em diferentes processos, como a lavagem, o branqueamento, o tingimento e muitos processos de tratamento químico. Nos curtumes, a água quente é utilizada para a limpeza do couro e o vapor é utilizado para a sua secagem. Além disso, algumas indústrias de poliéster, como a Ibrahim fiber Limited Pakistan, aquecem o óleo através de combustíveis fósseis e fazem-no circular por toda a indústria e em diferentes estações de trabalho este calor é extraído do óleo e utilizado para diferentes processos. Assim, em vez de utilizar combustíveis fósseis para a produção de vapor e o aquecimento do petróleo, a energia solar pode ser utilizada de diferentes formas, como o concentrador solar.

Necessidade de energia solar

Vivemos num país com falta de energia. Há cortes de eletricidade generalizados em todas as cidades e vilas do Paquistão. Mesmo que houvesse energia em abundância, as tarifas continuarão a aumentar. Neste ambiente energético, a energia solar no local é a única forma de assegurar o futuro energético das famílias, das empresas, das fábricas e das explorações agrícolas. A produção de energia eléctrica no local através de geradores é dispendiosa e poluente. O fornecimento de combustível para os geradores é incerto. A UPS como fonte de reserva é insuficiente porque a duração do corte de energia é muito longa. A energia solar é um método de produção de energia eléctrica sem poluição, sem ruído, sem combustível, sem manutenção e com uma boa relação custo-benefício.

Relatórios recentes sobre o estado atual das reservas de combustíveis fósseis apontam para a necessidade de mudar para energias alternativas, como a energia solar. Mesmo sem considerar o impacto ambiental, é evidente que, a dada altura, não conseguiremos satisfazer as nossas necessidades energéticas cada vez maiores a partir do fornecimento finito destes recursos não renováveis.

1. Objectivos dos projectos

O objetivo deste projeto é conceber, simular e fabricar um concentrador solar de 2,0 x 1,0 metros, utilizando espelhos de Fresnel que utilizam a radiação solar para gerar energia de 500 Watt

S Tem o menor custo de funcionamento

S Elevada fiabilidade para demonstrar aos alunos, numa base regular, a utilização da energia solar durante o dia.

Validar o custo do concentrador solar inferior a PKR 16000/ - USD 153/- para a produção de 500 Watt.

1.1 O que é que temos a ganhar?

Tendo em conta o aumento exponencial dos preços dos combustíveis fósseis e, consequentemente, dos serviços públicos que utilizam combustíveis, é necessário encontrar imediatamente métodos alternativos.

1.2 Este projeto pode:

Destacar o potencial da energia solar utilizada no Paquistão

I

S Criar uma óptima plataforma para os futuros estudantes trabalharem e torná-la mais eficiente de modo a poderem aumentar a produção de energia a baixo custo.

2. Teoria

No mundo atual, alguns dos métodos de aproveitamento da energia solar são:

S Células fotovoltaicas

Centrais térmicas solares

S Colectores parabólicos

S Coletor de placa plana

S Torres de energia solar

S Torres solares de correntes de ar ascendentes

S Lagoas solares

S Antenas solares

2.1 Célula fotovoltaica

As células solares fotovoltaicas são conjuntos de células que contêm um material que converte a radiação solar em eletricidade de corrente contínua. Os materiais atualmente utilizados para a produção de energia fotovoltaica incluem o silício amorfo, o telureto de cádmio e o seleneto/sulfureto de cobre e índio.

No final de 2008, a instalação fotovoltaica global acumulada atingiu 15200 Megawatts. Cerca de 90% da capacidade de produção consiste em sistemas eléctricos ligados à rede. Estas instalações podem ser montadas no solo e, por vezes, integradas na agricultura e no pastoreio ou construídas no telhado ou nas paredes de um edifício, o que se designa por fotovoltaica integrada. A energia solar fotovoltaica tem uma capacidade que varia entre 10 e 60 MW, embora as centrais eléctricas solares fotovoltaicas propostas tenham uma capacidade de 150 MW ou mais.

2.1.1 Vantagens

A instalação solar FOTOVOLTAICA pode funcionar durante muitos anos, uma vez que as células solares têm uma vida útil de 25 anos, pouca manutenção e/ou intervenção após a instalação inicial, pelo que, após o custo de capital inicial da construção de qualquer central de energia solar, o custo de funcionamento é extremamente baixo

em comparação com as tecnologias energéticas actuais.

A energia solar fotovoltaica é economicamente superior quando a ligação à rede ou o transporte de combustível é difícil, dispendioso ou impossível. Exemplos incluem localizações remotas, satélites de navios oceânicos e comunidades insulares.

Quando ligada à rede, a produção de eletricidade solar reduz ao máximo o custo da eletricidade durante os períodos de pico de procura (na maioria das regiões climáticas), o que pode reduzir a carga da rede e pode eliminar a necessidade de baterias locais para utilização em períodos de escuridão. Estas caraterísticas são possíveis graças à contagem líquida.

S A eletricidade solar ligada à rede pode ser utilizada localmente, reduzindo assim as perdas de transmissão e distribuição.

Em comparação com as fontes de energia fósseis e nucleares, foram investidos muito poucos fundos de investigação no desenvolvimento de células solares, pelo que há uma margem considerável para melhorias. No entanto, as células solares de elevada eficiência já têm, experimentalmente, eficiências de 40% e as eficiências estão a aumentar rapidamente.

2.1.2 Desvantagens

S A instalação de células fotovoltaicas é bastante dispendiosa. Os módulos têm frequentemente uma garantia de 25 anos. Um investimento num sistema montado em casa perde-se, na maior parte dos casos, se se mudar de casa.

S A eletricidade solar é considerada dispendiosa. Uma vez instalado um sistema fotovoltaico, este produzirá eletricidade sem custos adicionais até que o inversor precise de ser substituído, mas o tempo de retorno do investimento é demasiado longo para a maioria.

A eletricidade solar não está disponível na escuridão e está menos disponível em condições de nebulosidade e meteorológicas a partir de tecnologias convencionais baseadas no silício, pelo que é necessário um sistema de armazenamento de energia. No entanto, a utilização de germânio (mais caro do que o silício) em células solares de película fina de silício amorfo-germânio proporciona uma capacidade residual de produção de energia durante a noite devido à radiação infravermelha de fundo.

A célula solar produz corrente contínua que tem de ser convertida em corrente alternada (inversor) quando utilizada nas actuais redes de distribuição existentes. Isto provoca uma perda de energia de 4 a 12%

2.2 Três tipos de colectores utilizados

2.2.1 Colectores solares de baixa temperatura

Os colectores solares envidraçados são utilizados principalmente para o aquecimento de espaços e recirculam o ar do edifício através de um painel de ar solar, onde o ar é aquecido e depois encaminhado de volta para o edifício. Estes sistemas de aquecimento solar requerem pelo menos duas penetrações no edifício e só funcionam quando o ar no coletor solar é mais quente do que a temperatura ambiente do edifício. A maioria dos colectores envidraçados é utilizada no sector residencial.

2.2.1.1 Coletor de ar "transpirado" não vidrado

Este dispositivo utiliza as radiações do sol para aquecer o ar ambiente. Ao fazê-lo, reduz a quantidade de aquecimento necessário para manter os edifícios confortáveis nos dias frios, uma vez que os colectores de ar transpirado reduzem drasticamente as facturas de serviços públicos, podendo pagar-se a si próprios em apenas alguns anos. Esta nova tecnologia constitui um meio eficaz de substituir o consumo de combustíveis fósseis por energia renovável, especialmente em climas frios

2.2.1.1.1 Como funcionam

Os colectores de ar transpirado utilizam uma tecnologia simples para captar o calor do sol e aquecer os edifícios. Os colectores consistem em placas metálicas escuras e perfuradas instaladas sobre a parede de um edifício virada para sul. É criado um espaço de ar entre a parede antiga e a nova fachada. A fachada exterior escura absorve a energia solar e aquece rapidamente em dias de sol - mesmo quando o ar exterior está frio. Uma ventoinha ou um ventilador puxa o ar de ventilação para dentro do edifício através de centenas de pequenos orifícios nos colectores e para cima através do espaço de ar entre os colectores e a parede sul. A energia solar absorvida pelos colectores aquece o ar que passa por eles até 40°F. Ao contrário das tecnologias de aquecimento ambiente mais antigas, os colectores de ar transpirado não necessitam de vidros, o que provoca perdas de energia devido à reflexão. A ausência de envidraçamento, juntamente com os aperfeiçoamentos de conceção, permite que os novos colectores captem 80% das radiações solares disponíveis.

Vantagens dos colectores de ar transpirado

Os colectores de ar transpirado têm muitas vantagens. São os colectores solares mais eficientes do mundo. Pagam-se a si próprios rapidamente e produzem benefícios ambientais e económicos sem efeitos secundários negativos. São adequados para muitos edifícios de grandes dimensões. Os colectores de ar transpirado são praticamente isentos de manutenção e não contêm quaisquer peças móveis para além das ventoinhas do sistema de ventilação. À noite, reduzem a quantidade de calor que escapa dos edifícios ao recapturar o calor perdido através da parede do edifício por trás dos colectores. Os colectores de ar transpirado também ajudam a melhorar a qualidade do ar interior porque a boa ventilação é parte integrante do sistema. Podem ser adicionados a edifícios existentes ou concebidos como parte da fachada de um novo edifício. Os colectores de ar transpirado comerciais utilizam chapas metálicas atraentes e estão disponíveis em várias cores. Quando utilizadas em novas construções, as "paredes solares" podem poupar dinheiro na fachada do edifício. A sua amortização é ainda mais rápida quando instalados em edifícios novos do que quando são adaptados a edifícios existentes. Os colectores de ar transpirado são mais fáceis de utilizar, custam menos e são mais eficientes do que os antigos colectores de ar solares feitos com vidros. A sua instalação é simples. Requerem menos materiais. E absorvem mais energia solar, o que os torna mais eficientes. Os colectores de ar transpirado reduzem a quantidade de energia necessária para o aquecimento de espaços em climas frios. A redução das necessidades energéticas traduz-se numa redução dos custos de funcionamento dos edifícios e numa menor dependência de combustíveis fósseis, como o gás natural, o gasóleo de aquecimento e o carvão. Na medida em que as energias renováveis substituem os combustíveis fósseis e reduzem a emissão de gases com efeito de estufa e de poluentes

2.2.1.1.2 Desvantagens

Existem poucos inconvenientes na utilização de colectores de ar transpirado. No entanto, alguns edifícios de vários andares têm códigos de incêndio que tornam os colectores transpirantes impraticáveis. Os sistemas de recuperação de calor existentes em alguns edifícios podem também ser incompatíveis com colectores de ar transpirado.

2.2.2 Colectores solares de alta temperatura:

Quando são suficientes temperaturas inferiores a cerca de 95 °C, como para o aquecimento de espaços, são geralmente utilizados colectores de placas planas do tipo não concentrador. Devido às perdas de calor relativamente elevadas através dos vidros, os colectores de placas planas não atingem temperaturas muito superiores a 200 °C, mesmo quando o fluido de transferência de calor está estagnado. Estas temperaturas são demasiado baixas para uma conversão eficiente em eletricidade. A eficiência dos motores térmicos aumenta com a temperatura da fonte de calor. Para atingir este objetivo nas centrais de energia solar térmica, a radiação solar é concentrada por espelhos ou lentes para obter temperaturas mais elevadas - uma técnica denominada Energia Solar Concentrada. À medida que a temperatura aumenta, tornam-se práticas diferentes formas de conversão. Até 600 °C, as turbinas a vapor, tecnologia padrão, têm uma eficiência de até 41%. Acima de 600 °C, as turbinas a gás podem ser mais eficientes. Temperaturas mais elevadas são problemáticas porque são necessários materiais e técnicas diferentes. Uma proposta para temperaturas muito elevadas é a utilização de sais de fluoreto líquido que funcionem entre 700 °C e 800 °C, utilizando sistemas de turbinas de várias fases para atingir eficiências térmicas de 50% ou mais. As temperaturas de funcionamento mais elevadas permitem que a central utilize permutadores de calor secos a temperaturas mais elevadas para a sua exaustão térmica, reduzindo o consumo de água da central, o que é crítico nos desertos onde as grandes centrais solares são práticas. As temperaturas elevadas também tornam o armazenamento de calor mais eficiente, porque são armazenados mais watt-hora por unidade de fluido. Uma vez que a central CSP gera calor em primeiro lugar, pode armazenar o calor antes de o converter em eletricidade. Com a tecnologia atual, o armazenamento de calor é muito mais barato e mais eficiente do que o armazenamento de eletricidade. Desta forma, a central CSP pode produzir eletricidade dia e noite. Se o local da CSP tiver uma radiação solar previsível, então a central CSP torna-se uma central eléctrica fiável. A fiabilidade pode ainda ser melhorada com a instalação de um sistema de combustão de reserva. O sistema de reserva pode utilizar a maior parte da central CSP, o que diminui o custo do sistema de reserva. As instalações CSP utilizam materiais de elevada condutividade eléctrica, como o cobre, nos cabos de alimentação de campo, nas redes de ligação à terra e nos motores de rastreio e bombagem de fluidos, bem como no gerador principal e nos transformadores de alta tensão. Com fiabilidade, deserto não utilizado, sem poluição e sem custos de combustível, os obstáculos a uma grande implantação da CSP são o custo, a estética, a utilização do solo e factores semelhantes para as necessárias linhas de alta tensão de ligação. Embora apenas uma pequena percentagem do deserto seja necessária para satisfazer a procura global de eletricidade, é necessário cobrir uma grande área com espelhos ou lentes para obter uma quantidade significativa de energia. Uma forma importante de reduzir os custos é a utilização de uma conceção simples. Alguns dos concentradores solares de alta temperatura são mencionados a seguir:

2.3 Antena solar

Os sistemas prato/motor utilizam um prato parabólico de espelhos para dirigir e concentrar a luz solar num motor central que produz eletricidade. As duas partes principais do sistema são o concentrador solar e a unidade de conversão de energia.

2.3.1 Concentrador solar

O concentrador solar, ou prato, recolhe a energia solar que vem diretamente do sol. O feixe de luz solar concentrada resultante é refletido num ângulo para um recetor térmico que recolhe o calor solar. O prato é montado numa estrutura que segue o sol continuamente ao longo do dia para refletir a maior quantidade possível de luz solar no recetor térmico.

2.3.2 Unidade de conversão de energia

A unidade de conversão de energia inclui o recetor térmico e o motor/gerador. O recetor térmico é a interface entre o prato e o motor. Absorve os feixes concentrados de energia solar, converte-os em calor e transfere o calor para o motor. Um recetor térmico pode ser um banco de tubos com um fluido de arrefecimento, geralmente hidrogénio ou hélio, que normalmente é o meio de transferência de calor e também o fluido de trabalho de um motor. Os receptores térmicos alternativos são os tubos de calor, em que a ebulição e a condensação de um fluido intermédio transferem o calor para o motor. O motor é o subsistema que retira o calor do recetor térmico e o utiliza para produzir eletricidade. O tipo mais comum de motor térmico utilizado nos sistemas prato/motor é o motor Stirling. O motor Stirling utiliza o fluido aquecido para mover os pistões e criar potência mecânica. O trabalho mecânico, sob a forma de rotação da cambota do motor, acciona um gerador e produz energia eléctrica.

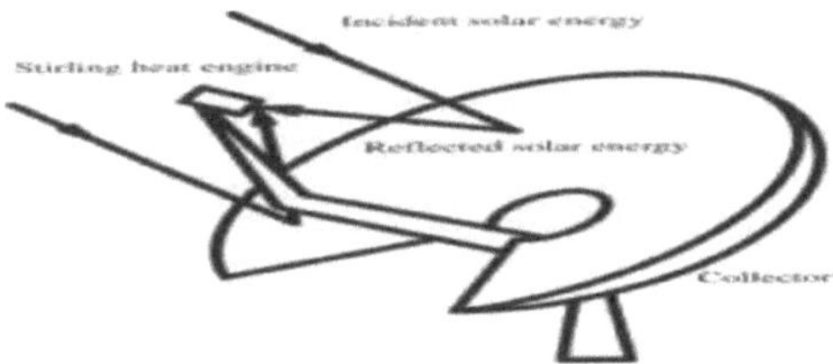

Figura 1: Antena solar

Fonte: intechopen.com

2.4 Torre de energia solar

As torres de energia solar produzem energia eléctrica a partir da luz solar, concentrando a radiação solar concentrada num permutador do calor montado na torre (recetor). O sistema utiliza centenas a milhares de espelhos de seguimento do sol, chamados helióstatos, para refletir a luz solar incidente no recetor. Estas centrais são mais adequadas para aplicações à escala dos serviços públicos, na gama dos 30 a 400 MW. Numa torre de energia solar de sal fundido, o sal líquido a 290°C é bombeado de um tanque de armazenamento "frio" através do recetor, onde é aquecido a 565°C e depois para um tanque "quente" para armazenamento. Quando é necessária energia da central, o sal quente é bombeado para um sistema de geração de vapor que produz vapor sobreaquecido para um sistema convencional de turbina/gerador de ciclo Rankine. Do gerador de vapor, o sal é devolvido ao tanque frio onde é armazenado e eventualmente reaquecido no recetor. A determinação da dimensão ideal do armazenamento para satisfazer os requisitos de despacho de energia é uma parte importante do processo de conceção do sistema. Os tanques de armazenamento podem ser projectados com capacidade suficiente para alimentar uma turbina a plena potência até 13 horas. Consequentemente, uma torre de energia pode potencialmente funcionar durante 65% do ano sem necessidade de uma fonte de combustível de reserva. Sem armazenamento de energia, as tecnologias solares estão limitadas a factores de capacidade anuais próximos de 25%.

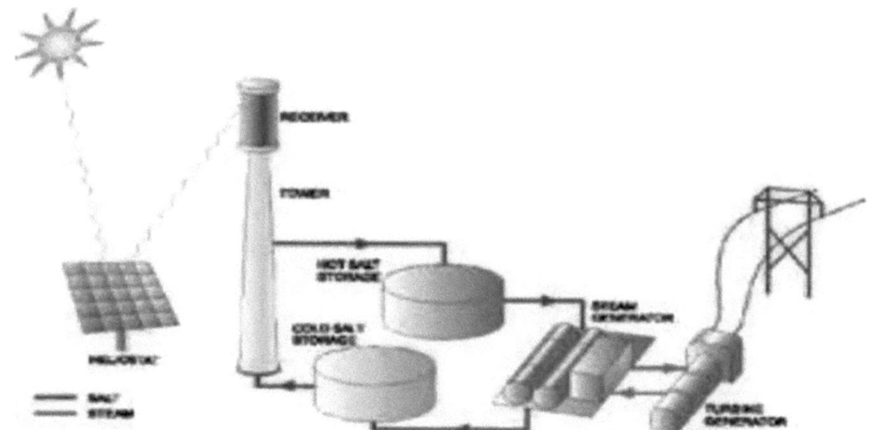

Figura 2: Torre de energia solar

Fonte: Alternativeenergy.primer.com

2.4.1 Vantagens

S É possível atingir temperaturas elevadas, o que resulta em eficiências mais elevadas

S Podem ser utilizados espelhos planos, que são mais baratos do que os espelhos curvos

2.4.2 Desvantagem

S Necessidade de grandes áreas de terreno

A tecnologia S requer armazenamento para uma produção de energia estável

J O custo desta energia é três vezes superior ao da produção convencional de eletricidade, como acontece com todas as tecnologias.

J A torre alta também é difícil de construir

J Cada espelho necessita do seu próprio helióstato, o que é bastante dispendioso.

2.5 Calhas parabólicas

Uma calha parabólica é um tipo de coletor de energia solar térmica. É construído como um longo espelho parabólico (normalmente revestido a prata ou alumínio polido) com um tubo de Dewar ao longo do seu comprimento no ponto focal. A luz solar é reflectida pelo espelho e concentrada no tubo de Dewar. A calha é normalmente alinhada num eixo norte-sul e rodada para seguir o sol à medida que este se move no céu todos os dias. Em alternativa, a calha pode ser alinhada num eixo este-oeste; isto reduz a eficiência global do coletor, devido à perda de cosseno, mas apenas requer que a calha seja alinhada com a mudança das estações, evitando a necessidade de motores de seguimento. Este método de seguimento funciona de forma precisa nos equinócios da primavera e do outono, com erros na focagem da luz noutras alturas do ano (a magnitude deste erro varia ao longo do dia, tendo um valor mínimo ao meio-dia solar). Há também um erro introduzido devido ao movimento diário do Sol no céu, que também atinge um valor mínimo ao meio-dia solar. Devido a estas fontes de erro, as calhas parabólicas ajustadas sazonalmente são geralmente concebidas com um rácio de concentração solar mais baixo. A fim de aumentar o nível de alinhamento, foram também inventados alguns dispositivos de medição. Os concentradores de calha parabólica têm uma geometria simples, mas a sua concentração é cerca de 1/3 do máximo teórico para o mesmo ângulo de aceitação, ou seja, para as mesmas tolerâncias globais do sistema. A aproximação ao máximo teórico pode ser conseguida utilizando concentradores mais elaborados baseados em concepções primário-secundário que utilizam ópticas não imagiológicas.

O fluido de transferência de calor (normalmente óleo) passa através do tubo para absorver a luz solar concentrada. Isto aumenta a temperatura do fluido para cerca de 400°C. O fluido de transferência de calor é então utilizado para aquecer o vapor num gerador de turbina normal. O processo é económico e, para aquecer o tubo, a eficiência térmica varia entre 60-80%. A eficiência global do coletor para a rede, ou seja, (potência eléctrica de saída) / (potência solar total de entrada) é de cerca de 15%, semelhante à das células fotovoltaicas, mas inferior à dos concentradores de placas Stirling. As actuais centrais comerciais que utilizam calhas parabólicas são híbridas; os combustíveis fósseis são utilizados durante a noite, mas a quantidade de combustível fóssil utilizada é limitada a um máximo de 27% da produção de eletricidade, permitindo que a central se qualifique como uma fonte de energia renovável. Como são híbridas e incluem estações de arrefecimento, condensadores, acumuladores e outros elementos para além dos próprios colectores solares, a potência produzida por metro quadrado de área varia enormemente.

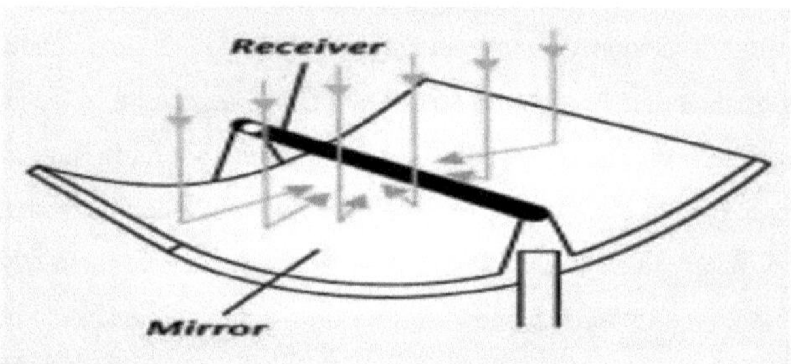

Figura 3: calha parabólica

Fonte: greenterrafirma.com

2.5.1 Espelhos

Normalmente, são utilizados espelhos parabólicos de uma só peça. Além disso, existem calhas parabólicas do tipo V que são feitas de dois espelhos e colocadas em ângulo entre si.

2.5.2 Revestimentos para espelhos

Em 2009, cientistas do National Renewable Energy Laboratory (NREL) e da skyfuel juntaram-se para desenvolver grandes folhas curvas de metal que têm potencial para serem 30% mais baratas do que o melhor coletor de energia solar concentrada atual, substituindo os modelos à base de vidro por uma folha de polímero de prata que tem o mesmo desempenho que os pesados espelhos de vidro, mas a um custo muito mais baixo e com um peso muito inferior. É também muito mais fácil de utilizar e instalar. A película brilhante utiliza várias camadas de polímeros com uma camada interna de prata pura.

2.5.3 Armazenamento de energia

Como esta fonte de energia não renovável é inconsistente por natureza, foram estudados métodos de armazenamento de energia, por exemplo, a tecnologia de armazenamento num único tanque (termoclina) para centrais térmicas de grande escala. A abordagem do tanque termoclínico utiliza uma mistura de areia de sílica e rocha de quartzito para deslocar uma parte significativa do volume do tanque. De seguida, é enchido com um fluido de transferência de calor, normalmente um sal de nitrato fundido.

2.6 Lagoas solares

Um lago solar é simplesmente uma piscina de água salgada que recolhe e armazena a energia solar térmica. A água salgada forma naturalmente um gradiente vertical de salinidade, também conhecido como haloclina, em que a água de baixa salinidade flutua sobre a água de alta salinidade. As camadas de soluções salinas aumentam em concentração (e, por conseguinte, em densidade) com a profundidade. Abaixo de uma certa profundidade, a solução tem uma concentração de sal uniformemente elevada.

Existem três camadas distintas de água no lago:

S A camada superior com baixo teor de sal.

S Uma camada isolante intermédia com um gradiente de sal, que estabelece um gradiente de densidade que impede a troca de calor por convecção natural.

S A camada inferior, que tem um elevado teor

Se a água for relativamente translúcida e o fundo do lago tiver uma absorção ótica elevada, então quase toda a radiação solar incidente será utilizada para aquecer a camada inferior. Quando a energia solar é absorvida pela água, a sua temperatura aumenta, provocando uma expansão térmica e uma redução da densidade. Se a água fosse doce, a água quente de baixa densidade flutuaria para a superfície, provocando uma corrente de convecção. O gradiente de temperatura, por si só, provoca um gradiente de densidade que diminui com a profundidade. No entanto, o gradiente de salinidade forma um gradiente de densidade que aumenta com a profundidade, o que contraria o gradiente de temperatura, impedindo que o calor das camadas inferiores suba por convecção e saia do tanque. Isto significa que a temperatura no fundo do tanque aumentará para mais de 90^0 C enquanto a temperatura no topo do tanque é normalmente de 300C. Um exemplo natural destes efeitos numa massa de água salgada é o lago solar, no Sinai de Israel. O calor retido na água salgada pode ser utilizado para muitos fins diferentes, como o aquecimento de edifícios ou de água quente industrial ou para acionar uma turbina orgânica do ciclo de Rankine ou um motor Stirling para gerar eletricidade.

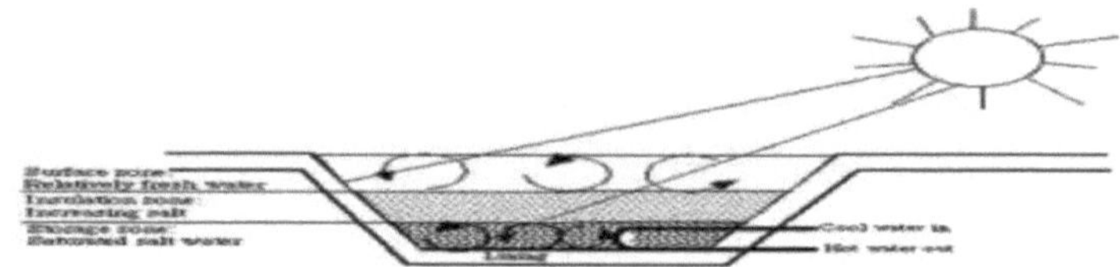

Figura 4: Lago solar

Fonte: matse.matsel .illinois.edu

2.7 Torre solar de tiragem ascendente

É proposto um tipo de potência energética

Os três elementos essenciais da torre solar de tiragem ascendente:

S coletor de ar solar

S chaminé/torre

S vento

O ar é aquecido pela radiação solar sob um telhado circular baixo e transparente, aberto na periferia; o telhado e o solo natural abaixo formam um coletor de ar. No centro do telhado encontra-se uma torre vertical com grandes entradas de ar na sua base. A junção entre o telhado e a base da torre é estanque ao ar. Como o ar quente é mais leve que o ar frio, sobe pela torre (efeito de flutuação). A sucção da torre atrai então mais ar quente do coletor e o ar frio entra pelo perímetro exterior. Assim, a radiação solar provoca uma corrente de ar ascendente constante na torre. A energia contida na corrente ascendente é convertida em energia mecânica por turbinas de pressão na base da torre e em energia eléctrica por geradores convencionais. O funcionamento contínuo durante 24 horas pode ser conseguido através da colocação de tubos ou sacos estanques cheios de água sob o teto. A água aquece durante o dia e liberta o seu calor durante a noite. Estes tubos são enchidos apenas uma vez, não sendo necessária mais água.

2.7.1 Coletor

O ar quente para a torre de ascensão solar é produzido pelo efeito de estufa num coletor de ar simples que consiste num vidro ou película de plástico esticado quase horizontalmente a vários metros acima do solo. A altura da vidraça aumenta em direção à base da torre e, finalmente, o ar é desviado do movimento horizontal para o vertical com uma perda mínima de fricção. Este vidro permite a penetração da radiação solar de onda curta e retém a re-radiação de onda longa do solo aquecido. Assim, o solo sob o telhado aquece e transfere o seu calor para o ar acima, que flui radialmente do exterior para a torre.

2.7.2 Armazenamento

Se se pretender uma capacidade de armazenamento térmico adicional, são colocados tubos ou sacos pretos cheios de água, lado a lado, no solo absorvente de radiação sob o coletor. Os tubos são enchidos com água uma vez e permanecem fechados depois disso, para que não haja evaporação.

2.7.3 Torre

A torre propriamente dita é o verdadeiro motor térmico da central. É um tubo de pressão com baixa perda de fricção devido à sua relação superfície-volume favorável. A corrente ascendente do ar aquecido no coletor é aproximadamente proporcional ao aumento da temperatura do ar (ΔT) no coletor e à altura da torre. Numa grande torre solar de correntes ascendentes, o coletor aumenta a temperatura do ar em cerca de 30 a 35 K. Isto produz uma velocidade de corrente ascendente na torre de cerca de 15 m/s a plena carga. Assim, é possível entrar numa central de energia solar de torre em funcionamento para manutenção sem perigo de altas velocidades do ar.

2.7.4 Turbinas

Utilizando turbinas, a produção mecânica na forma de energia rotacional pode ser derivada da corrente de ar na torre. As turbinas numa torre solar de corrente ascendente não funcionam com velocidade escalonada como um conversor de energia eólica de funcionamento livre, mas como um turbo gerador eólico escalonado de pressão encoberta, no qual, à semelhança de uma central hidroelétrica, a pressão estática é convertida em energia rotacional utilizando uma turbina de caixa. A potência específica de saída (potência por área varrida pelo rotor) de uma turbina de pressão encoberta na torre de corrente ascendente solar é cerca de uma ordem de grandeza superior à de uma turbina eólica de velocidade. A velocidade do ar antes e depois da turbina é praticamente a mesma. A potência obtida é proporcional ao produto do caudal volúmico por unidade de tempo e do diferencial de pressão sobre a turbina. Tendo em vista o máximo rendimento energético, o objetivo do sistema de controlo da turbina é maximizar este produto em todas as condições de funcionamento. Para este fim, o passo das pás é ajustado durante o funcionamento para regular a potência de saída de acordo com a alteração da velocidade e do caudal de ar. Se as faces planas das pás estiverem perpendiculares ao fluxo de ar, a turbina não gira. Se as pás estiverem paralelas ao fluxo de ar e permitirem que o ar passe sem ser perturbado, não há queda de pressão na turbina e não é gerada eletricidade. Entre estes dois extremos existe uma regulação óptima das pás: a produção é maximizada se a queda de pressão na turbina for de cerca de 80% do diferencial de pressão total disponível, dependendo das condições meteorológicas e de funcionamento, bem como da conceção da central. Uma central de energia solar de torre de updraft consumiria uma área significativa de terreno se fosse concebida para produzir tanta eletricidade como a produzida pelas centrais eléctricas que utilizam tecnologia convencional. A construção seria mais provável em zonas quentes com uma grande quantidade de terrenos de área muito reduzida, como desertos ou terrenos degradados. A torre solar de tiragem ascendente de pequena escala pode ser uma opção atractiva para as regiões remotas dos países em desenvolvimento. A abordagem de tecnologia relativamente baixa poderia permitir a utilização de recursos e mão de obra locais para a construção e manutenção.

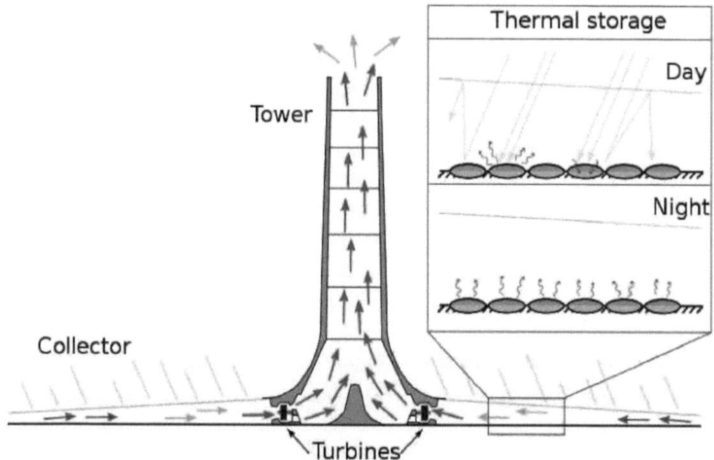

Figura 5: torre solar de tiragem ascendente

Fonte: commons.wikimedia.org

2.7.5 Vantagens e desvantagens

Esta abordagem é particularmente atractiva para as zonas rurais dos países em desenvolvimento. Podem ser instalados colectores em áreas muito grandes pelo simples custo de um revestimento de argila ou de plástico para um lago. A superfície evaporada precisa constantemente de reabastecer os cristais de sal acumulados, que têm de ser removidos e podem ser tanto um subproduto valioso como uma despesa de manutenção. Não há necessidade de um coletor separado para o sistema de armazenamento térmico. Não é adequado em pequena escala.

2.8 Coletor de lentes de Fresnel

Uma lente de Fresnel é um tipo de lente desenvolvido pelo físico francês Augustin-Jean Fresnel para faróis. Uma conceção semelhante tinha sido proposta anteriormente por Buffon e Condorcet como forma de fabricar lentes de grande abertura. O desenho permite a construção de lentes de grande abertura e curta distância focal sem o peso e o volume de material que seriam necessários no desenho convencional de lentes. Em comparação com as lentes anteriores, a lente de Fresnel é muito mais fina, passando assim mais luz e permitindo que os faróis sejam mais visíveis a longas distâncias. A lente Fresnel reduz a quantidade de material necessário em comparação com as lentes esféricas convencionais, dividindo a lente em secções anulares concêntricas conhecidas como zonas Fresnel. Na primeira variação da lente, cada zona era, de facto, um prisma diferente. Embora a lente de Fresnel possa parecer uma única peça de vidro, um exame mais atento revela que se trata de muitas peças. Só quando o CNC conseguiu produzir peças complexas de grandes dimensões é que estas lentes passaram a ser fabricadas a partir de uma única peça de vidro. Para cada uma destas zonas, a espessura total destas lentes é reduzida, cortando efetivamente a superfície contínua da lente padrão num conjunto de superfícies da mesma curvatura com descontinuidades entre elas. Este facto permite uma redução substancial da espessura e, consequentemente, do peso e do volume do material da lente, à custa da redução da qualidade de imagem da lente.

2.8.1 Refletor Fresnel linear de concentração

O refletor Fresnel linear de concentração é um tipo de coletor de energia solar. Os reflectores lineares de Fresnel concentram a energia solar com uma série de espelhos essencialmente planos num recetor linear estacionário cheio de água, com o objetivo de recolher calor para gerar vapor e alimentar uma turbina a vapor. Um conjunto de reflectores lineares de Fresnel (LFR) é um sistema de focagem em linha semelhante às calhas parabólicas em que a radiação solar é

concentrado num absorvedor linear invertido elevado, utilizando um conjunto de reflectores quase planos. Com as vantagens do baixo custo do suporte estrutural e dos reflectores, juntas de fluido fixas, um recetor separado do sistema de reflectores e distâncias focais longas que permitem a utilização de vidro convencional, os colectores LFR têm atraído uma atenção crescente. A tecnologia é vista como uma alternativa de baixo custo à tecnologia de calha para a produção de calor e vapor de processo solar. Para a produção de energia, onde são necessárias temperaturas de vapor mais elevadas, os LFR têm ainda de provar a sua rentabilidade e fiabilidade do sistema. Uma LFR pode ser concebida para ter um desempenho térmico semelhante ao de uma calha parabólica por área de abertura, embora as concepções recentes tendam a utilizar materiais reflectores e componentes absorventes menos dispendiosos, que reduzem o desempenho ótico e, consequentemente, a produção térmica. No entanto, este desempenho inferior parece ser compensado por menores custos de investimento e de operação e manutenção. Em 1999, a empresa belga Solarmundo construiu o maior protótipo de um coletor Fresnel, com uma largura de coletor de 24 m e uma área de refletor de 2.500 m^2 . O próximo passo deverá ser uma instalação piloto para demonstrar a tecnologia num sistema de maior escala em condições de funcionamento comercial. O mais conveniente e rentável seria uma solução "plug-in" para um coletor Fresnel ligado a uma central eléctrica existente. Em 2003, a empresa australiana Solar Heat and Power construiu um campo de ensaio para o seu novo conceito de coletor Fresnel, equivalente a 1 MW de capacidade eléctrica, e testou-o. Em 2005, iniciou-se o alargamento do campo solar de Fresnel, com 20 000 m, que será ligado à grande central eléctrica a carvão de Liddell, utilizando o vapor solar como adição de água de alimentação. A fase final consistirá numa expansão para 135 000 m.

2.8.2 Componentes do CFLR

O Refletor Fresnel Linear Compacto é constituído pelos seguintes componentes:

S Fluido de transferência de calor

S Tubo absorvente/recetor

S Armazenamento

S Espelhos planos

S Permutador de calor

S Gerador de vapor

2.9 Fluido de transferência de calor:

A nossa tarefa seguinte consiste em selecionar o óleo para a transferência de calor, pelo que, para o efeito, temos em mente os seguintes aspectos, a seguir mencionados

2.9.1 Termicamente estável

O HTF deve ser termicamente estável. O utilizador pode esperar muitos anos de funcionamento fiável e sem problemas, mesmo quando funciona continuamente à temperatura máxima recomendada.

2.9.2 Pouca incrustação

A composição química do óleo deve ser cuidadosamente selecionada de modo a minimizar as incrustações no sistema resultantes da oxidação e degradação do fluido.

2.9.3 Amigo do ambiente

Deve ser amigo do ambiente.

2.9.4 Facilidade de bombagem e circulação

A excelente estabilidade ajuda a garantir uma oxidação mínima e ajuda a evitar a formação de depósitos no interior das tubagens.

2.9.5 Óleo de maquilhagem minimizado

A baixa pressão de vapor combinada com a baixa volatilidade e o elevado ponto de inflamação significa uma perda evaporativa mínima.

Alguns dos fluidos de transferência de calor são mencionados a seguir:

2.10 Therminol XP

- O fluido de transferência de calor Therminol XP é um óleo mineral branco extremamente puro que proporciona uma transferência de calor fiável a temperaturas de 0° F a 600° F (-20° C a 315° C). As caraterísticas de desempenho do Therminol XP incluem:
- Pouca Incrustação - Devido ao facto de o Therminol 55 ser um fluido sintético, resiste aos efeitos da oxidação 10 vezes melhor do que os óleos minerais. Menos oxidação significa menos formação de sólidos e muito menos incrustações. Para sistemas sem inertização por azoto, as vantagens de desempenho são significativas.
- Praticamente não tóxico - Como indicador de pureza, o Therminol XP cumpre as especificações da FDA definidas em 21 CFR 172.878 e os requisitos da Farmacopeia dos Estados Unidos (USP) e do Formulário Nacional (NF).
- Estabilidade térmica - O Therminol XP é estável até 600°F (315°C). Os utilizadores podem esperar muitos anos de funcionamento fiável e sem problemas, mesmo

quando operam continuamente à temperatura máxima recomendada de 600°F (315°C).

S Amigo do ambiente - O Therminol XP tem um estatuto regulamentar excecional para quem procura fluidos de transferência de calor com requisitos mínimos de informação ambiental.

Bombeado a baixa temperatura - Therminol 55 pode ser bombeado a -15° F (-25° C), muito depois de os óleos minerais se terem tornado gelatinosos. De facto, alguns óleos minerais não bombeiam a temperaturas inferiores a 20° F (-7° C). Com Therminol 55, o seu sistema de fluido de transferência de calor pode arrancar rápida e facilmente.

S Long Life - Therminol 55 é um verdadeiro fluido de 550° F (290° C). Obterá anos de desempenho fiável e rentável, mesmo quando o seu sistema funcionar continuamente a 550° F (290° C). Isto significa que não precisa de especificar demasiado o seu fluido.

2.11 Sais

Também podemos utilizar diferentes tipos de sais como fluido de transferência de calor; alguns deles são mencionados na tabela abaixo:

Imóveis	sal solar	Hitec	Hitec XL (sal de nitrato de cálcio)	Mistura de LiNO3	Therminol VP-1
composição%					
NaNO3	60	7	7		
KNO3	40	53	45		
NaNO2		40			
Ca(NO3) 2			48		
ponto de congelação C	220	142	120	120	13
temperatura superior	600	535	500	550	400
Densidade	1899	1640	1992		815
Viscosidade	3.26	3.16	6.37		0.2

capacidade térmica	1495	1560	1447		2319

Quadro 1: propriedades dos diferentes meios de transferência de calor

2.11.1 Vantagens

S Pode aumentar a temperatura de saída do campo solar para 450-500°C

S A eficiência do ciclo de Rankine aumenta para >40%

S ΔT para armazenamento até 2,5x maior

O sal S é menos dispendioso e mais amigo do ambiente do que o atual HTF

S O custo do armazenamento térmico desce 65% para <$20/kWh em comparação com a central VP-1 HTF (sem HX de óleo para sal)

S Solar Dois experiência com sais pertinentes e valiosos (tubagens, válvulas, bombas).

2.11.2 Desvantagens

S Ponto de congelação elevado dos sais candidatos

Leva a desafios significativos de O&M

São necessários conceitos inovadores de proteção contra o congelamento

- São necessários materiais mais dispendiosos no sistema HTF devido à maior

possibilidade de

Temperaturas HTF.

- A durabilidade selectiva da superfície e a seleção do sal determinarão os limites de temperatura.
- As perdas de calor do campo solar aumentarão, embora a emissividade de 0,075 (de 0,1) recupere o desempenho.

2.12 Óleos quentes

Os óleos quentes são à base de petróleo e a maioria é constituída por hidrocarbonetos parafínicos e/ou nafténicos. A gama global de temperaturas de funcionamento dos fluidos à base de petróleo é de -10°F a 600°F, sendo os óleos brancos hidrogenados de alta qualidade fortemente recomendados para aplicações que exijam temperaturas de fluido a granel na gama de 575°F a 600°F...

2.12.1 Santhotherm

(Forma líquida de terefenilo parcialmente hidrogenado) com uma temperatura de 330° C à medida que circula na bobina. Algumas das propriedades físicas do Santotherm são dadas por

S Apresenta menor degradação térmica

S Tem um ponto de congelação baixo

S Tem uma condutividade térmica mais elevada

S Tem um elevado ponto de ebulição

S É utilizado repetidamente sem alteração das propriedades

S É um óleo orgânico menos volátil

2.12.2 Dowtherm

(Éter difenil-difenílico em forma de vapor) com uma temperatura de 280-290° C. Está normalmente presente em casacos. É utilizado para um aquecimento uniforme.

2.12.2.1 Descrição

Aquecimento do santotherm e envio para o reator; o ESI é o reator principal e utiliza até 80% deste calor. Os vapores do Dowtherm são aquecidos pelo santotherm e para o aquecimento são utilizados dois fornos. Cada forno tem o seu horário de funcionamento que é, na maior parte dos casos, de 6 meses. Num determinado momento, uma fornalha funciona enquanto a outra está em stand by. O mais importante é que o caudal de entrada e saída das bombas do forno deve fornecer um caudal de 340 m^3 /h. Existe uma linha de vapor que vem da caldeira para a área HTM para diferentes locais, como o pré-aquecedor em HTM.

2.13 Conclusão

O Therminol-66 é o melhor fluido de transferência de calor para este projeto depois de analisar todos os HTF porque o ponto de ebulição do Therminol-66 é de cerca de 350^0 C e com a ajuda deste concentrador a temperatura atingida foi de cerca de 2000C.

Composição	Terefenilo hidrogenado
Aparência	Líquido límpido amarelo-pálido
Temperatura máxima a granel	345 C°
Temperatura mínima da película	375 C°
Ponto de ebulição	359° C'

Quadro 2: O quadro mostra o ponto de ebulição do terminol-66 e a temperatura máxima e mínima da película.

Temperatura	Densidade	Condutividade térmica	Capacidade térmica	Viscosidade	
				Dinâmico	Cinemático
0	1021.5	0.118	1.495	1324.87	1297.01
10	1014.9	0.118	1.529	344.26	339.20
20	1008.4	0.118	1.562	123.47	122.45
30	1001.8	0.117	1.596	55.60	55.51
40	995.2	0.117	1.630	29.50	29.64
50	988.6	0.116	1.665	17.64	17.84
60	981.9	0.116	1.699	11.53	11.74

Tabela 3: a tabela mostra a alteração das propriedades do therminol-66 a diferentes temperaturas

2.14 Tubo absorvente/recetor

O recetor é a parte do sistema que converte a radiação solar em energia térmica num fluido de trabalho. O recetor é constituído por um absorvedor, um permutador de calor e, eventualmente, um acumulador de calor. O absorvedor é a superfície de impacto da radiação solar reflectida. A radiação é absorvida pelo material absorvente sob a forma de calor. O permutador de calor transfere a energia para um fluido de trabalho que transporta a energia para fora do recetor. A equação mostra um balanço energético para um recetor.

$Qout = Qabs - Qloss$

Onde:

Q_{out} = Energia útil transferida para o fluido de trabalho.

Q_{abs} = Energia recolhida pelo absorvedor

Q_{loss} = Perdas de energia do recetor

A eficiência total do recetor é dada pela equação

Eficiência= $Qout/Qabs$

2.15 Absorvente

Existem 2 tipos de absorventes: externos e de cavidade. Um absorvedor externo é essencialmente uma placa plana. A radiação reflectida incide sobre a placa e aquece a superfície. Os absorvedores externos são extremamente simples e baratos, mas têm uma grande ineficiência. Os absorvedores externos estão diretamente expostos ao ar ambiente e, a altas temperaturas, as perdas por convecção podem ser extremas. A estratificação da temperatura também ocorrerá no interior do recetor. Com todo o aquecimento a ser efectuado apenas numa extremidade do recetor, a temperatura interna variará em função da distância à superfície do absorvedor. Consequentemente, a eficiência do permutador de calor pode ser reduzida. O último inconveniente discutido é a absorção por reflexão. Para um absorvedor externo, se alguma radiação for reflectida pela superfície, é reflectida para longe do absorvedor e perde-se. Estes problemas podem ser reduzidos através da utilização de um absorvedor de cavidade. O absorvedor é encastrado no interior do recetor. A radiação solar é reflectida pelo concentrador através de uma abertura, designada por abertura do recetor, e é recolhida na superfície do absorvedor. A maioria dos receptores modernos é deste tipo. Os absorvedores de cavidade são mais caros e complicados do que os absorvedores externos, mas são muito mais eficientes. Se alguma radiação se refletir na superfície do absorvedor, é reflectida noutra parte do absorvedor. Desta forma, o absorvedor tem uma maior probabilidade de absorver radiação sempre que a luz atinge a sua superfície. Se considerarmos um recetor de cavidade com uma superfície interior 5 vezes superior à área da abertura e uma absorvência superficial de 0,7, a absorvência efectiva aumentaria para 0,92. A absortividade efetiva de uma cavidade é sempre maior do que a de uma placa plana. Um recetor está completamente isolado, exceto o absorvedor. À medida que o tamanho do absorvedor aumenta, a energia interceptada do concentrador aumenta, como dado pelo fator de interceção. Estamos a utilizar um tubo de vácuo solar de três alvos com cavidade como tubo absorvente, cujas caraterísticas são as seguintes

S Excelente desempenho de absorção, mas baixa perda de calor, especialmente adaptado a regiões frias severas, (super preservação do calor).

S Excelente resistência ao rebentamento.

S Excelente resistência à corrosão, longa duração de vida (até 15 anos).

S Reduzir a incrustação na parede do tubo, mantendo a água limpa.

S Os tubos evacuados são alinhados em paralelo; o ângulo de montagem depende da latitude da sua localização. Numa orientação Norte-Sul, os tubos podem seguir passivamente o calor do sol durante todo o dia. Numa orientação Este-Oeste, podem seguir o sol durante todo o ano.

S A eficiência de um termoacumulador de água evacuada depende de vários factores, sendo um deles importante o nível de radiação evacuada (isolamento) na sua região.

Figura 6: tubo de vácuo solar
Fonte: solarpower.co.uk

3. Instalação experimental

A imagem mostra o modelo de concentrador solar que foi capaz de produzir energia de 500 Watt.

Figura 7: Fotografia de um concentrador solar com espelhos de Fresnel

3.1 Cálculo da temperatura de saída do HTF

Calculámos teoricamente a temperatura de saída; isto mostra que para atingir uma potência de 500 Watt, a temperatura do fluido de transferência de calor therminol-66 deve subir até 155^0 C.

Balanço energético: Potência de saída necessária = Q = 500W

Considerando a temperatura inicial = 300CC_p do Therminol-66 = 1,596 kJ/Kg.K

Caudal mássico = m = 0,0025 kg/s

$$Q = m \times C_p \times \Delta T$$

$$Q = m \times C_p \times T_2 - T_1)$$

$$T_2 = Q \div (mC_p + T_1)$$

$$T_2 = 155^0 C$$

3.2 Cálculos e simulações de ângulos

A estrutura estava colocada num ângulo de 300 em relação ao solo, virada para sul, e os espelhos estavam ligados a ela de modo a poderem ser rodados manualmente. A simulação dos ângulos destes espelhos foi efectuada no software Matlab, a fim de verificar, num determinado momento, qual o ângulo dos espelhos que resultará na reflexão máxima das radiações solares. A tabela e os gráficos que se seguem mostram o resultado da simulação.

	B(ângulo de inclinação)=0							
	H(ângulo horário)= -30		H(ângulo horário)= 0		H(ângulo horário)= 30		H(ângulo horário)= 60	
	Ângulo de altitude(a)	Ângulo al de azimute (az)	*Ângulo de altitude (a)	Ângulo al de azimute (az)	Ângulo de altitude (a)	Ângulo al de azimute (az)	Ângulo de altitude (a)	Ângulo al de azimute (az)
G	48,69(3 899 W/m 2)	41,31(3 899 W/m 2)	59,60(4 500 W/m)^{2}	30,40(4 500 W/m 2)	61,31(3 947 W/m 2)	28,69(3 947 W/m)^{2}	36,54(3 899 W/m 2)	53,46(3 899 W/m)^{2}
Gb	61,31(3 947 W/m)^{2}	28,69(3 947 W/m 2)	78,63(4 412 W/m)^{2}	11,37(4 412 W/m)^{2}	61,31(3 947 W/m 2)	28,69(3 947 W/m)^{2}	36,54(2 679 W/m)^{2}	53,46(2 679 W/m)^{2}
	B(ângulo de inclinação)=30							
G	48,69(3 899 W/m)^{2}	41,31(3 899 W/m 2)	59,60(4 500 W/m)^{2}	30,40(4 500 W/m)^{2}	61,31(3 947 W/m 2)	28,69(3 947 W/m 2)	36,54(3 899 W/m)^{2}	53,46(3 899 W/m)^{2}
Gb	36,98(3 920 W/m)^{2}	56,02(3 920 W/m)^{2}	45,32(4 500 W/m)^{2}	44,68(4 500 W/m)^{2}	36,98(3 920 W/m)^{2}	53,02(3 920 W/m 2)	9,621(2 635 W/m)^{2}	80,38(2 635 W/m)^{2}
	B(ângulo de inclinação)=45							
G	61,31(3 947 W/m 2)	28,69 (3 947 W/m^{n} 2)	78,63(4 412 W/m)^{2}	11,37(4 412 W/m)^{2}	61,31(3 947 W/m 2)	28,69(3 947 W/m 2)	36,54(2 679 W/m)^{2}	53,46(2 679 W/m)^{2}
Gb	36.98(3 920	56.02(3 920	45.32(4 500	44.68(4 500 45	36.98(3 920	53.02(3 920	9.621(2 635	80.38(2 635
	W/m)^{2}	W/m)^{2}	W/m)^{2}	W/m)^{2}	W/m)^{2}	W/m)^{2}	W/m)^{2}	W/m)^{2}
	B(ângulo de inclinação)=60							
G	61,31(3 947 W/m)^{2}	28,69(3 947 W/m)^{2}	78,63(4 412 W/m)^{2}	11,37(4 412 W/m)^{2}	61,31(3 947 W/m)^{2}	28,69(3 947 W/m)^{2}	36,54(2 679 W/m)^{2}	53,46(2 679 W/m)^{2}

Gb	26,59(3 995W/m 2)	63,41(3 995 W/m)^2	33,39(4 492W/m 2)	55,61(4 492 W/m)^2	26,59(3 995 W/m)^2	63,41(3 995 W/m)^2	9,621(2 635 W/m^2)	80,38(2 635 W/m)^2
	B(ângulo de inclinação)=90							
G	61,31(3 447 W/m)^2	28,69(3 947 W/m)^2	78,63(4 412 W/m)^2	11,37(4 412 W/m)^2	61,31(3 947 W/m)^2	28,69(3 947 W/m)^2	36,54(2 679 W/m)^2	53,46(2 679 W/m)^2
Gb	26,59(3 449 W/m)^2	63,41(3 449 W/m)^2	33,39(3 757W/m)^2	56,61(3 757 W/m)^2	26,59(3 449 W/m)^2	63,41(3 449 W/m)^2	9,621(2 608 W/m)^2	80,38(2 608 W/m)^2

Tabela 4: A tabela mostra, para diferentes ângulos de inclinação e intervalos de tempo, o ângulo horário, o ângulo de declinação, o ângulo de altitude, o ângulo zenital, o ângulo azimutal e as radiações na superfície de inclinação e na superfície horizontal dos espelhos.

S *G = radiação do feixe numa superfície horizontal

S G_b = radiação do feixe na superfície de inclinação

159,60(4500)= ângulo(quantidade de radiação em W/m^2) A partir da tabela, é evidente que a radiação máxima é recebida num ângulo horário de 30^. E a radiação máxima é recebida para um ângulo de inclinação de 30 graus, ou seja, 4500 W/m^2 , para o qual o ângulo de altitude é

59,60 graus para a radiação horizontal e 45,32 graus para a radiação inclinada

*59,60(4500)= ângulo(quantidade de radiação em W/m^2)A partir da tabela, verifica-se que a radiação máxima é recebida num ângulo horário de 30°. E a radiação máxima é recebida para um ângulo de inclinação de 30 graus, ou seja, 4500 W/m2, para o qual o ângulo de altitude é de 59,60 graus para a radiação horizontal e 45,32 graus para a radiação de inclinação.

3.3 Ângulos da Terra

Para uma melhor compreensão, descrevem-se em seguida alguns dos ângulos solares da Terra que foram considerados, o que ajudará a analisar a simulação dos ângulos efectuada no software MATLAB.

3.3.1 Ângulo horário (h)

O ângulo horário é a distância angular entre o meridiano do observador e o meridiano cujo plano contém o Sol. O ângulo horário é zero ao meio-dia solar (quando o Sol atinge o seu ponto mais alto no céu). Nesta altura, diz-se que o Sol está "a sul" (ou "a norte", no hemisfério sul), uma vez que o plano meridiano do observador contém o Sol. O ângulo horário aumenta 15 graus por hora.

3.3.2 Ângulo de declinação

O plano que inclui o equador da Terra é designado por plano equatorial. Se for traçada uma linha entre o centro da Terra e o Sol, o ângulo entre esta linha e o plano equatorial da Terra é designado por ângulo de declinação.

3.3.3 Ângulo de altitude solar $^{(\alpha)}$

É definido como o ângulo entre os raios solares e um plano horizontal que contém o observador.

3.4.4 Ângulo zenital solar $^{(\theta)}$

O ângulo entre os raios solares e a vertical. É simplesmente o complemento do ângulo de altitude solar.

3.5.5 Ângulo de azimute solar (z)

É o ângulo medido no sentido dos ponteiros do relógio no plano horizontal a partir do eixo de coordenadas que aponta para norte até à projeção dos raios solares para o hemisfério sul

3.6 Resultados da simulação

Calculámos o ângulo azimutal e o ângulo de altitude a diferentes horas do dia para o ano inteiro e para diferentes ângulos de inclinação e ângulos horários utilizando o MATLAB. Os resultados são apresentados a seguir

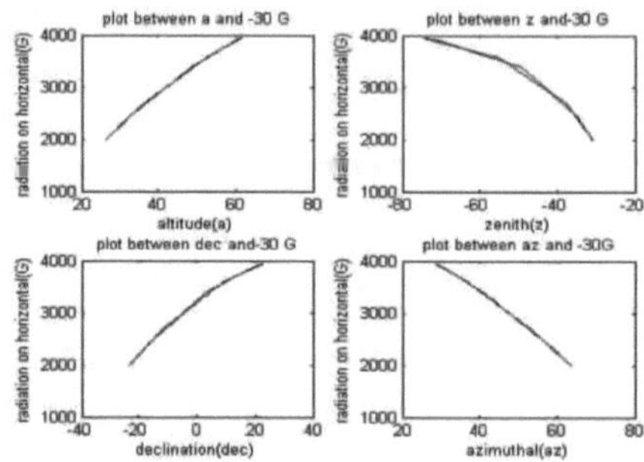

Figura 8: gráfico entre
Ângulo de inclinação 0^0

Ângulo horário -300

altitude, azimutal, zénite, ângulo de declinação e G.

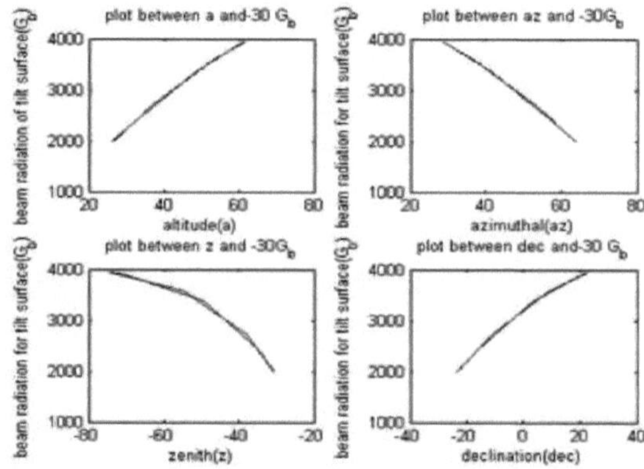

Figura 9 Gráfico entre altitude, ângulo azimutal, zenital, declinação e Gb.

Assim, à hora 10:00 e com um ângulo de inclinação de 0^0 , ângulo horário, ângulo de declinação, ângulo de altitude, ângulo azimutal e ângulo zenital, calcula-se a radiação do feixe na superfície horizontal e traça-se um gráfico entre a radiação na superfície horizontal e a altitude, o ângulo zenital, a declinação e o ângulo azimutal, como se mostra acima. Em seguida, calcula-se a radiação na superfície inclinada G_b e traça-se novamente um gráfico entre os ângulos azimutal, zenital, de declinação e de altitude. O mesmo é feito a seguir noutros gráficos, apenas o ângulo de inclinação e a hora são alterados e os gráficos são traçados em conformidade. Os dados relativos às horas 10:00, 12:00, 14:00 e 16:00 são representados com ângulos de inclinação de 0^0 , 30^0 , 60^0 , 90 .^{0}

Ângulo horário 0^0

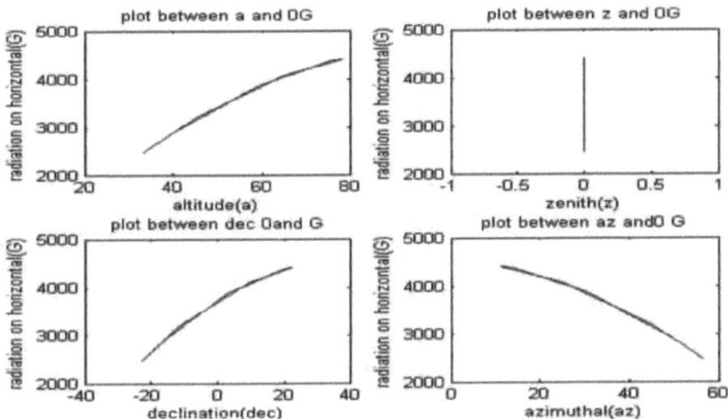

Figura 10: gráfico entre a altitude, o azimute, a declinação, o ângulo zenital e G

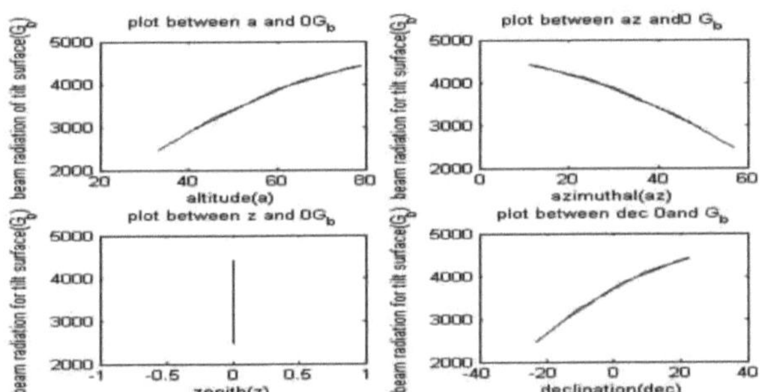

Figura 11: gráfico entre altitude, azimute, declinação, ângulo zenital e Gb

Ângulo horário 30^0

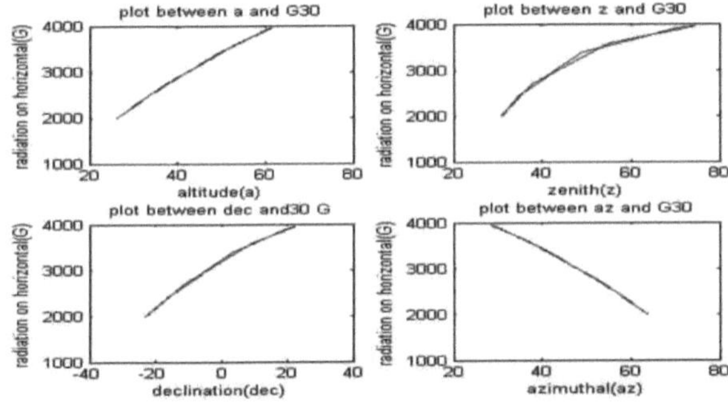

Figura 12: gráfico entre a altitude, o azimute, a declinação, o ângulo zenital e G.

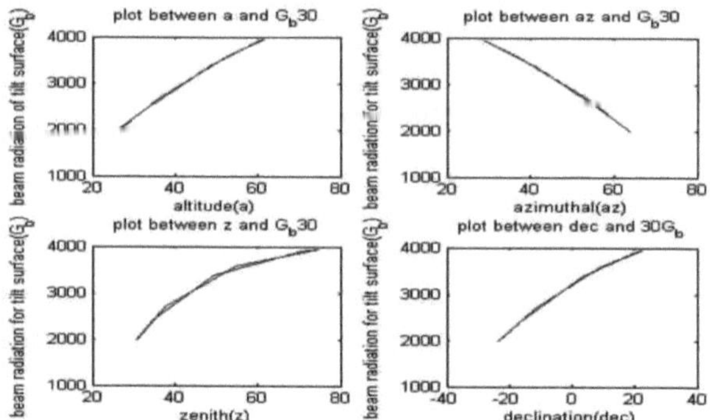

Figura 13: gráfico entre a altitude, o azimute, a declinação, o ângulo zenital e o Gb Ângulo de inclinação 30°

Ângulo horário -30°

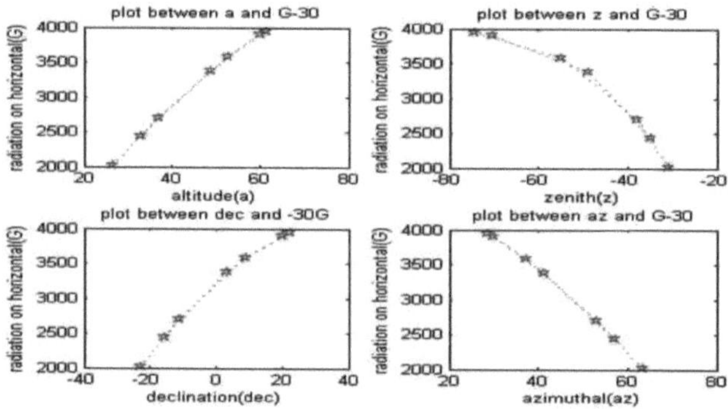

Figura 14: gráfico entre altitude, azimute, declinação, ângulo zenital e G

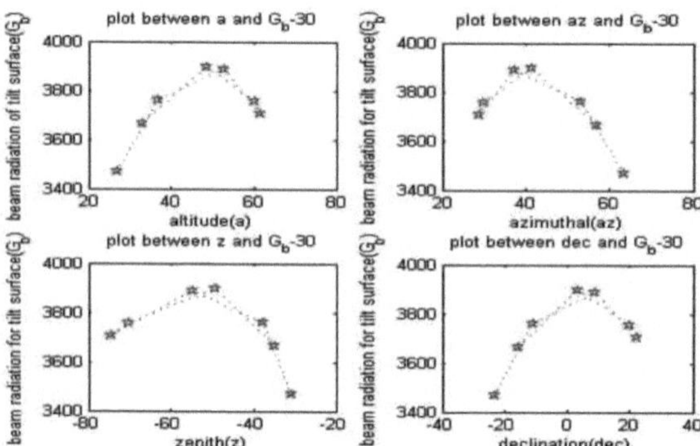

Figura 15: gráfico entre altitude, azimutal, declinação, ângulo zenital e Gb

Ângulo horário 0°

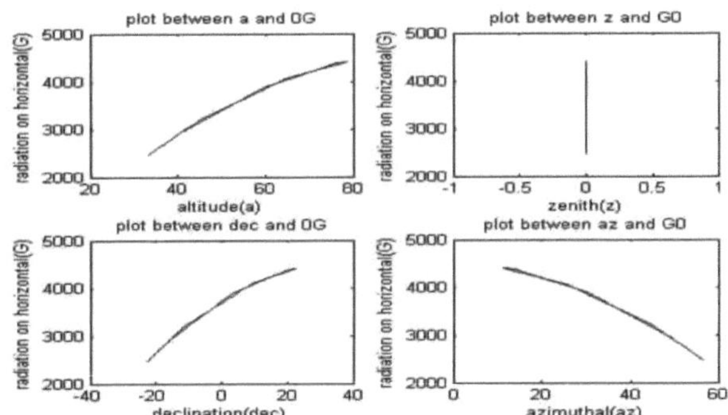

Figura 16: Gráfico entre altitude, zénite, declinação, azimutal e G.

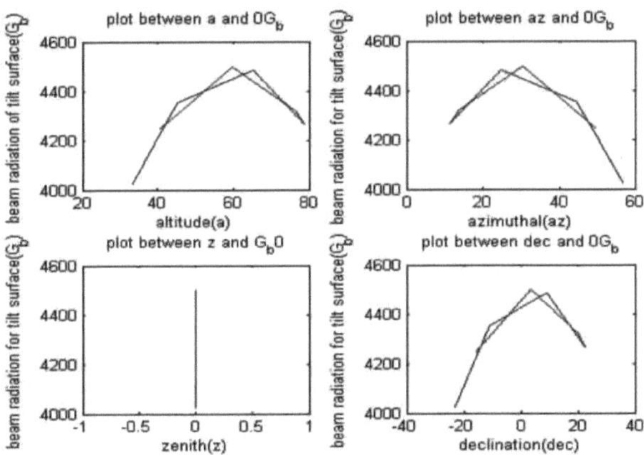

Figura 17: Gráfico entre altitude, ângulo azimutal, zenital, declinação e Gb.

Ângulo horário 30°

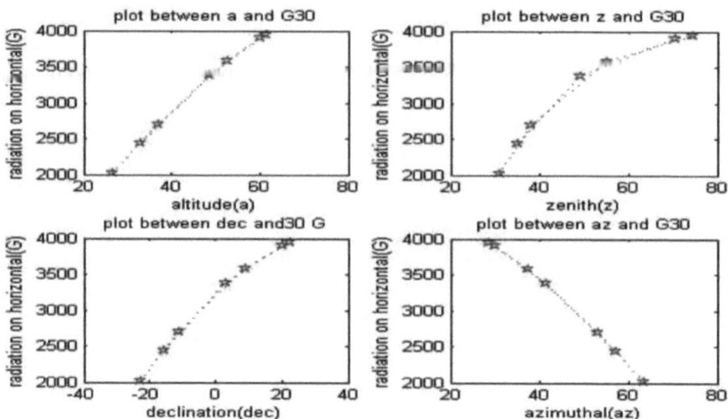

Figura 18: Gráfico entre a altitude, o zénite, a declinação, o ângulo azimutal e G.

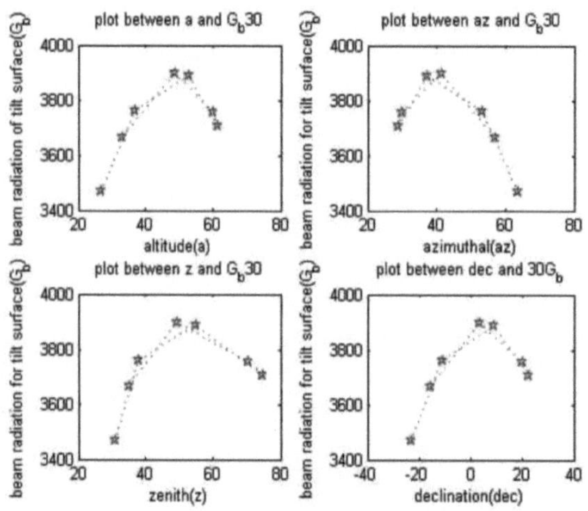

Figura 19: gráfico entre os ângulos de altitude, azimutal, zénite, declinação e Gb

Ângulo de inclinação 45°

Ângulo horário -30°

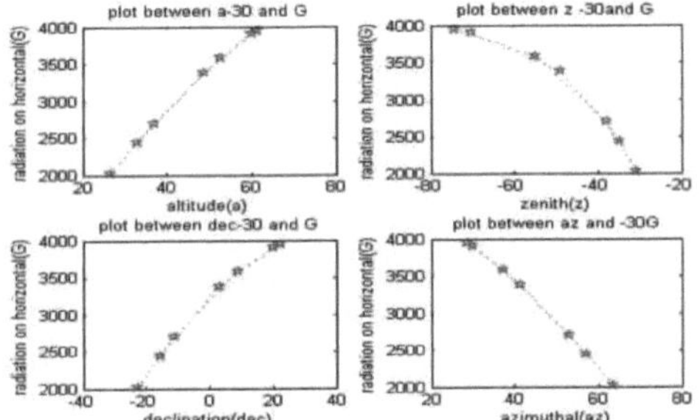

Figura 20: gráfico entre a altitude, o azimute, a declinação, o ângulo zenital e G

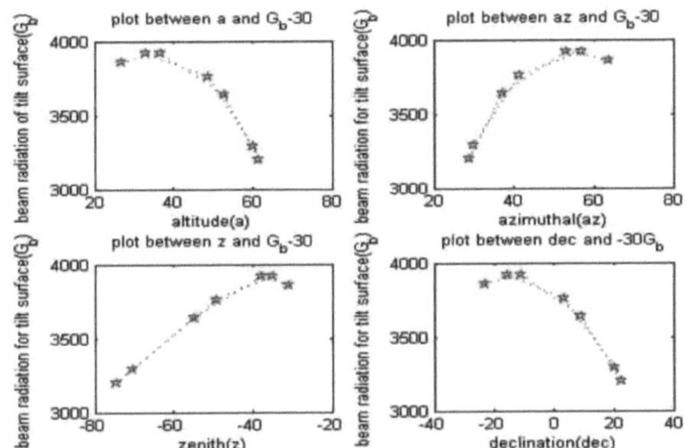

Figura 21: Gráfico entre os ângulos de altitude, azimutal, zénite, declinação e Gb

Ângulo horário 0°

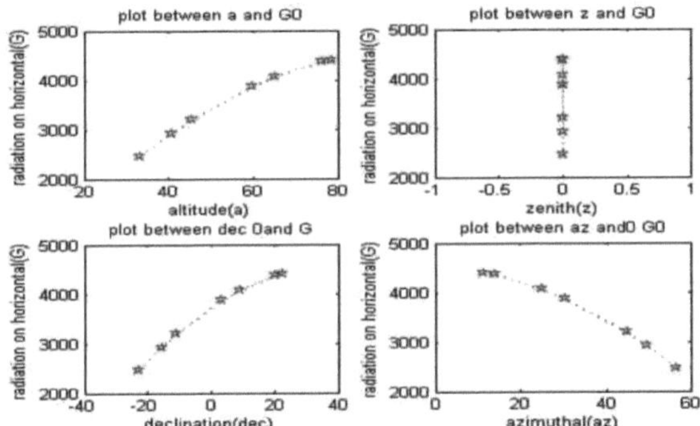

Figura 22: gráfico entre a altitude, o azimute, a declinação, o ângulo zenital e G

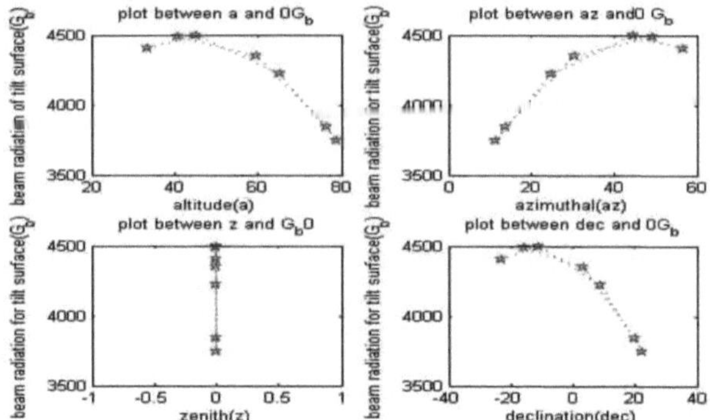

Figura 23: Gráfico entre altitude, ângulo azimutal, zenital, declinação e Gb.

Ângulo horário 30°

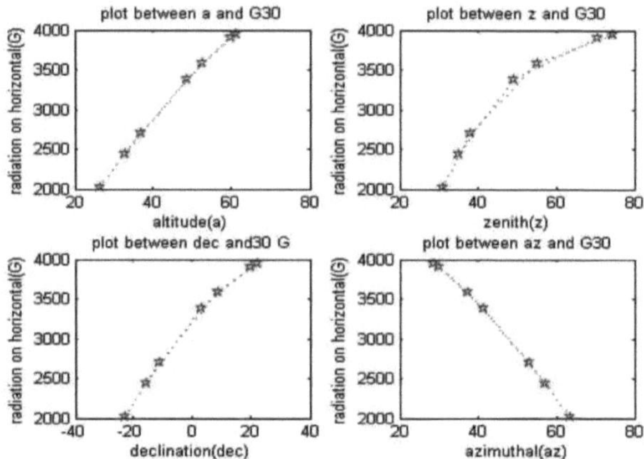

Figura 24: Gráfico entre altitude, zénite, declinação, azimutal e G.

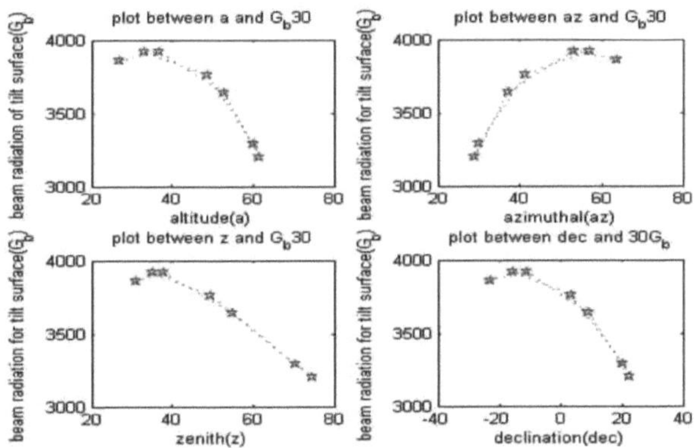

Figura 25: Gráfico entre altitude, ângulo azimutal, zenital, declinação e Gb

3.7 Experiências

Como mostra a figura acima, o modelo de concentrador solar com espelhos de Fresnel. Para este modelo, foi desenhada uma estrutura de 2,00 x 1,00 metros no programa Pro Engineer. Em seguida, foi fabricada com tubos de aço. Como o espelho foi fixado de forma a poder ser rodado em qualquer ângulo para refletir o maior número possível de radiações solares, a simulação do ângulo dos espelhos é feita no software MATLAB. Assim, durante a realização da experiência, o concentrador solar foi ajustado numa direção virada para sul e está num ângulo de 30^0 em relação ao solo.

Após cada hora, o espelho é inclinado cerca de 1^0 ou 2^0 para que reflicta o maior número possível de radiações.

O tubo de vácuo solar é fixado a 3,5 pés da estrutura, trata-se de um tubo de um lado aberto no qual, quando a válvula está aberta, o óleo frio do tanque de armazenamento frio entra num tubo e aquece e ocorre o efeito termossifão. Trata-se de um método de troca de calor passivo baseado na convecção natural, que faz circular uma substância (líquido ou gás, como o ar) sem necessidade de uma bomba mecânica. O fluido de transferência de calor ou óleo utilizado neste caso é o simples óleo alimentar, uma vez que o therminol-66 é bastante caro. A capacidade térmica específica do óleo é de cerca de 1,67 KJ/Kg.K. e, com a ajuda da diferença de temperatura, calculámos a energia térmica, como se mostra na tabela 5 e na tabela 6. A temperatura foi medida utilizando um termopar ligado a um multímetro digital e foi mergulhado no tanque de armazenamento de óleo frio, bem como no tanque de armazenamento de óleo quente, a fim de medir a temperatura inicial e final em diferentes intervalos de tempo. Os resultados da temperatura e o gráfico entre o tempo e a diferença de temperatura são apresentados em seguida:

Tempo (horas)	Temperatura inicial C^0	Temperatura final C^0	Diferença de temperatura
1215	32	32	0
1230	32	83	51
1300	32	128	196
1330	33	142	109
1400	33	155	122
1430	33	160	127
1500	35	163	128
1530	35	164	129
1600	33	161	128
1630	33	157	124
1700	30	149	119
1730	30	134	104
1800	30	124	94

Tabela 5: A tabela mostra as temperaturas inicial e final em diferentes intervalos de tempo e a sua diferença

Este quadro mostra a temperatura inicial, a temperatura final do óleo alimentar e a diferença de temperatura em diferentes intervalos de tempo, de 1215 a 1800. As leituras foram efectuadas com um intervalo de 30 minutos e os resultados foram representados num gráfico.

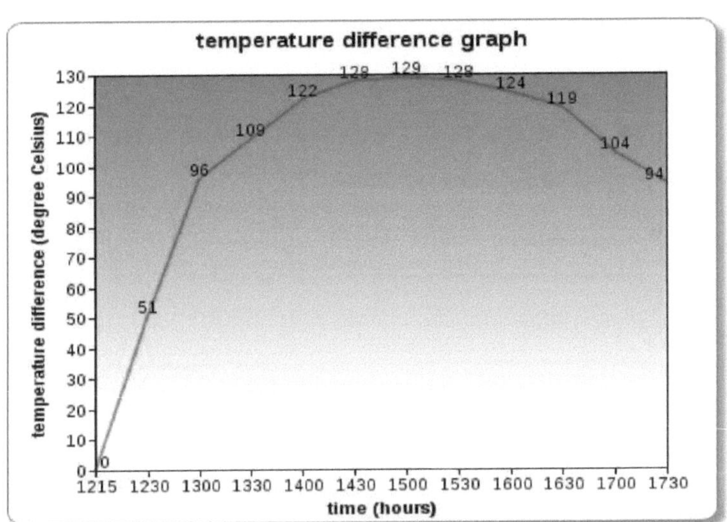

Figura 26: gráfico entre a diferença de temperatura em oC e o tempo em horas.

Este gráfico mostra como a temperatura muda em diferentes intervalos de tempo. Neste gráfico, a diferença de temperatura (temperatura final - temperatura inicial) é medida em diferentes intervalos de tempo e o gráfico é traçado. A diferença de temperatura está no eixo Y (quantidade dependente) e o tempo em horas está no eixo X (quantidade independente).

Balanço energético:

Este gráfico é traçado através do cálculo da energia térmica em diferentes intervalos de tempo.

A energia térmica é calculada pela equação:

Às 12:30h

Temperatura inicial = 320C

Temperatura final = 830C

Cpof óleo = 1,67 kJ/Kg.K

Caudal mássico = m = 0,0025 kg/s

$Q = m \times C_p \times \Delta T$

$Q = m \times C_p \times T_2 - T_1)$

$Q = 0.0025 \times 1.67 \times (83 - 32)$

$Q = 0.212925\ KW$

Às 13:00

Temperatura inicial = 320C

Temperatura final = 1280C

Cpof óleo = 1,67 KJ/ Kg.K

Caudal mássico = m = 0,0025 kg/s

$Q = m \times C_p \times \Delta T$

$Q = m \times C_p \times T_2 - T_1)$

$Q = 0.0025 \times 1.596 \times (128 - 32)$

Q= 0.400800 KW

Às 15:00

Temperatura inicial = 350C

Temperatura final = 1630C

Cpodo óleo alimentar = 1,67 KJ/Kg.K

Caudal mássico = m = 0,0025 Kg/s

$Q = m \times C_p \times \Delta T$

$Q = m \times C_p \times T_2 - T_1)$

$Q = 0.0025 \times 1.67 \times (163 - 35)$

Q= 0.534400 KW

Às 16:00

Temperatura inicial = 330C

Temperatura final = 1610C

Cpodo óleo alimentar = 1,67 KJ/Kg.K

Caudal mássico = m = 0..0025 Kg/s

$Q = m \times C_p \times \Delta T$

$Q = m \times C_p \times (T_2 - T_1)$

$Q = 0.0025 \times 1.67 \times (161 - 33)$

Q= 0.534400 KW

Às 17h00

Temperatura inicial = 300C

Temperatura final = 1490C

Cpodo óleo alimentar = 1,67 KJ/kg.K

Caudal mássico = m = 0,0025 kg/s

$Q = m \times C_p \times \Delta T$

$Q = m \times C_p \times T_2 - T_1)$

$Q = 0.0025 \times 1.67 \times (149 - 30)$

Q= 0.4796825 KW

Em 1800

Temperatura inicial = 30

Temperatura final = 124

C_p de óleo alimentar = 1,67 KJ/kg.K

Caudal mássico = m = 0,0025 Kg/s

$Q = m \times C_p \times \Delta T$

$Q = m \times C_p \times T_2 - T_1)$

$Q = 0.0025 \times 1.67 \times (124 - 30)$

Q=0.392450 KW

Tempo (horas)	Temperatura de entrada C^0	Temperatura de saída C^0	Temperatura Diferença C^0	Energia KW
1215	32	32	0	0
1230	32	83	51	0.212925
1300	32	128	96	0.400800

1330	33	142	109	0.455075
1400	33	155	122	0.509350
1500	35	163	128	0.534400
1530	35	164	129	0.538575
1600	33	161	128	0..534400
1630	33	157	124	0.517700
1700	30	149	119	0.496825
1730	30	134	104	0.434200
1800	30	124	94	0.392450

Quadro 6: O quadro mostra, em diferentes intervalos de tempo, a temperatura inicial e final do óleo alimentar e a energia térmica

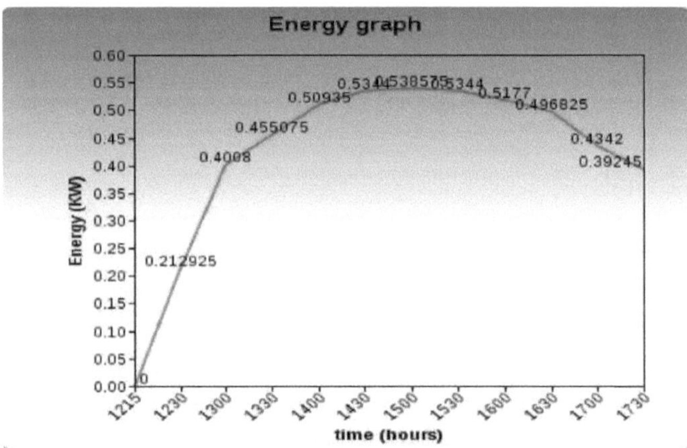

Figura 27: gráfico entre a energia térmica e o tempo em horas

3.8 Conclusão

Conseguimos atingir a temperatura necessária para produzir uma potência de cerca de 500 Watt.

4. Fabrico

4.1 Primeira fase

O fabrico do concentrador solar foi efectuado em três fases:

Na primeira fase, foi fabricada uma estrutura de 2,00 x 1,00 metros com tubos de aço. A estrutura foi colocada num ângulo de 30^0 em relação ao solo, com base nos resultados obtidos a partir de simulações de ângulos e o suporte do tubo de vácuo solar foi fixado a uma altura de 3,5 pés em relação ao solo no centro da estrutura.

4.2 Segunda fase

Nesta estrutura estão fixados espelhos rectangulares rotativos. Há sete peças de espelhos rectangulares que foram cortadas e que tinham a dimensão de 2 metros e 0,15 metros. Estes espelhos foram fixados numa barra de aço que pode ser rodada manualmente num ângulo que reflicta o máximo de raios solares. A simulação dos ângulos destes espelhos é feita no software Matlab, a fim de verificar em que ângulos se reflectem as radiações máximas. Estas simulações são feitas para intervalos de tempo diferentes, pelo que, de acordo com estas simulações, as placas dos espelhos são rodadas manualmente.

4.3 Terceira fase

O tubo de vácuo solar está ligado a esta estrutura numa posição inclinada e estes raios são reflectidos e concentrados neste tubo de vácuo que tem um diâmetro interno de 47 mm e um diâmetro externo de 58 mm e o comprimento do tubo é de 1800 mm. Este tubo tem uma extremidade aberta, pelo que a entrada e a saída se situam no mesmo local, pelo que se utiliza uma peça cilíndrica para definir a entrada e a saída. O tubo é enchido com fluido de transferência de calor; o óleo utilizado aqui é o óleo de cozinha, uma vez que o fluido de transferência de calor therminol-66 é bastante caro, pelo que é utilizado como substituto o óleo de cozinha. Existem dois tanques de armazenamento para o óleo quente e o óleo frio. O tanque de armazenamento de óleo frio está ligado a uma válvula para controlar o fluxo de óleo no tubo.

Para a montagem experimental, o concentrador solar foi colocado ao sol e as leituras de temperatura foram efectuadas das 12 às 18 horas. As leituras de temperatura foram registadas após cada intervalo de 30 minutos. O ângulo dos espelhos foi ajustado manualmente de acordo com a posição do sol.

Durante a fase de fabrico)

5. Trabalhos futuros

5.1 Automatização

O sistema de seguimento automático pode ser acoplado com espelhos. Os espelhos fazem o movimento intermitente da posição inicial para a posição adequada, seguindo o movimento relativo do sol, para que os espelhos possam concentrar mais radiações no tubo recetor. Quando o sol se põe, o circuito de substituição do circuito de controlo rotativo é ativado automaticamente, conduzindo o espelho para o local de início e para a hibernação; quando o sol nasce de manhã, o circuito é ativado, controlando o circuito para procurar o sol automaticamente. O sistema automático de rastreio do sol é composto por uma parte da máquina e uma parte do circuito de controlo automático do rastreio do sol. A parte da máquina é composta principalmente por um circuito de avaliação de células fotoeléctricas de silício, máquinas biaxiais, sistema de rastreio e bateria. Estas são as necessidades de trabalho:

(1) Trabalho seguro e fiável, garantir que o painel possa estar virado para o sol a qualquer hora do dia (tempo de seguimento do projeto).

(2) Pode voltar ao local de início automaticamente durante a noite, preparando-se para a procura de trabalho no dia seguinte.

(3) Adoptando a célula fotoeléctrica de silício para fornecer energia, não há necessidade de colocar outra energia.

(4) Adoptando as formas de trabalho intermitentes, pode reduzir o consumo de energia. O sistema de rastreio utiliza quatro peças de 1 cm^2 célula fotoeléctrica de silício em 2 grupos para combinar o sensor, cada grupo contém duas peças. Há um ângulo de 30~60 entre as duas peças, que se transformam num sensor eletrónico em cunha. Assim, existem dois sensores no sistema, que podem ser utilizados para testar o ângulo horizontal e a altura do sol separadamente, e são bastante precisos. As partes mecânicas adoptam o sistema de posicionamento de máquinas de dois eixos e consistem principalmente em cavalete de bateria, configuração, eixo de movimento duplo e máquinas eléctricas horizontais acionadas por corrente contínua. Toda a placa de células solares e o dispositivo de verificação da bateria de silício são fixados no cavalete da placa de bateria (na figura 1). o sistema de rastreamento tem dois equipamentos mecânicos de orientação de rastreamento

que podem rastrear tanto do ângulo horizontal quanto do ângulo vertical.O sistema de controlo da direção horizontal e vertical tem o seu próprio sensor, circuito de ampliação de sinal e sistema de controlo de maquinaria eléctrica, e conduz a placa de recolha de luz da energia solar para obter a maior eficiência na recolha de energia com o ângulo direto de 90° do início ao fim. O circuito de controlo consiste principalmente num sistema de computador de um chip, que tem a vantagem de ser de baixo custo, baixo consumo, alto grau de inteligência e poucas instruções. Utilizando o microprocessador AT89C2051 como centro e cooperando com o chip lógico interno e o componente de circuito externo, pode controlar a organização mecânica de duplo eixo intermitentemente com o rastreamento do sol para se mover através da verificação e tratamento do sinal: No circuito acima, utilizando a bateria de silício como componente de verificação da direção, a mudança do feixe entre forte e fraco resulta na tensão diferente da célula de silício. O circuito de controlo do computador de um chip controla a mudança de direção de duas máquinas de corrente contínua de acordo com o sinal importado e o procedimento de viagem para obter a placa de células solares perpendicular ao feixe do início ao fim: um controla o movimento da área horizontal entre a direção direita e esquerda, o outro controla o movimento da área vertical entre a direção para cima e para baixo.A fim de reduzir o consumo, podemos usar a forma de controlo intermitente, e o tempo intermitente pode ser ajustado livremente de acordo com o pedido. O tempo de controlo do design todos os dias é de 12 horas, adoptando o sinal do sensor de verificação certa para controlar o movimento do sistema de orientação de rastreamento mecânico de eixo duplo.

5.1.1 A conceção do software

A conceção do software do sistema de seguimento automático adopta uma construção modular. Além disso, o processo de avaliação do modo de seguimento é realizado inteiramente pelo software. Quando o processo do sistema começa a funcionar, começa a contar o tempo e utiliza o processo de recolha de sinais regularmente. Entretanto, o circuito verifica o sinal de interrupção P1.0 e P1.7, que são o nível do sinal do acumulador do sensor da bateria de silício e a sua quantidade de alteração.Para satisfazer todas as necessidades automáticas, o sistema avalia se é dia ou não através do sinal de interrupção exterior que é verificado, e abre ou fecha automaticamente o modo de padrão de faixa, o que pode prevalecer o seguimento sem sentido durante a noite para reduzir o consumo da bateria. Quando a condição de interrupção é estabelecida, o sistema entra na sub-rotina de regulação e executa-a. Quando a sub-rotina é ajustada, a primeira coisa é verificar o ângulo de posição horizontal e o ângulo de posição vertical, que são registados da última vez, e depois ajusta o nível e os ângulos de posição vertical de acordo com os sinais verificados P1.0 e P1.7.

5.1.2 2 AP

O localizador 2AP é um instrumento de localização e posicionamento fiável, económico e para todas as condições meteorológicas. É utilizado para apontar com precisão cargas úteis de pequena e média dimensão, quer como um seguidor solar dedicado, quer como um posicionador baseado em computador. O 2AP incorpora dois motores de passo controlados por um microcomputador de bordo. Após a configuração como seguidor do sol por um computador pessoal anfitrião, apenas são necessárias verificações ocasionais do relógio interno. O kit opcional de sensor solar proporciona uma capacidade ativa de seguimento do sol para um funcionamento indefinido sem vigilância. O 2AP tem uma bateria de reserva para reinício automático após falhas de energia temporárias. Quando equipado com o conjunto opcional de esferas de apontamento e sombreamento, o 2AP permite a montagem de até três piranómetros de sombreamento e quatro piranómetros. Concebido para ser utilizado numa variedade de aplicações e ambientes, o 2AP é o líder de mercado e é acompanhado por muitas opções para satisfazer os seus requisitos de forma eficiente e económica.

Figura 28: Sistema de localização de 2 PA ESPECIFICAÇÃO DO PRODUTO

Precisão de apontamento	< 0,1° de seguimento passivo / < 0,02° de seguimento ativo (com sensor solar opcional)
Carga útil	65 kg

Alimentação eléctrica	24 VDC / 115 VAC / 230 VAC 50/60Hz
Gama de temperaturas operacionais	0 °C a +50 °C; com cobertura de frio opcional: -20 °C a +50 °C; e com aquecedor e cobertura de frio opcionais: -50 °C a +50 °C
Base de montagem	Placa de base plana
Dimensões	42 x 26 x 38 cm / 30 kg
Interface de comunicação	RS232 e software para PC Win2AP
Tipo de transmissão	Engrenagens sem-fim e cónicas
Consumo de energia	50 W (150 W com aquecimento opcional)

Quadro 7: Especificações do localizador de 2 PA

5.2 Tubo de vácuo solar (extremidade dupla aberta)

Neste projeto, foi utilizado um tubo solar (aberto de uma só extremidade), mas para atingir uma temperatura superior a 300^0 C ou superior, deve ser utilizado um tubo de vácuo solar (aberto de duas extremidades). Este tubo está aberto de ambos os lados e contém um tubo de cobre encerrado num vidro com vácuo. É mais eficiente.

5.3 Melhor fluido de transferência de calor:

Devem ser utilizados melhores meios de transferência de calor, como o therminol-66, uma vez que proporciona uma transferência de calor fiável de -200C a 350 e não se decompõe facilmente. É um fluido sintético, pelo que resiste aos efeitos da oxidação 10 vezes melhor do que os óleos minerais. Menos oxidação significa menos formação de sólidos e muito menos incrustações. O tubo que transporta o óleo quente é ligado ao permutador de calor, o que resulta na produção de vapor. O redimensionamento do projeto pode gerar mais vapor, pelo que é utilizado para a produção de energia.

6. Aplicações

O concentrador solar pode ser utilizado para aquecimento de água e de espaços. Pode ser utilizado para fornecer calor de processo a uma vasta gama de indústrias e fábricas de processamento químico que utilizem caldeiras ou aquecedores, fábricas têxteis, fábricas de açúcar, fábricas de papel, fábricas de óleo vegetal, indústrias de processamento agrícola e alimentar, indústria da madeira, processamento de leite, secagem de produtos hortícolas, alimentares e frutícolas, secagem de produtos químicos, para unidades de armazenamento a frio de alimentos perecíveis, produtos marinhos e hortícolas em locais remotos, bem como unidades que utilizem refrigeração por absorção de vapor para arrefecimento de espaços. Também é adequado para hotéis e hospitais para fornecer água quente, vapor e arrefecimento. Na indústria têxtil, a água quente e o vapor são utilizados em vários processos, como a lavagem, o tingimento, o branqueamento e os tratamentos químicos. Nos curtumes, a água quente e o vapor são utilizados na limpeza e secagem do couro, respetivamente. Um concentrador solar de grande escala é utilizado para a produção de grandes quantidades de vapor que podem ser utilizadas para a produção de eletricidade.

7. Bibliografia

Henning, Hans Martin. *Ar condicionado assistido por energia solar em edifícios.* s.l. : Hans M. Henning.

John A. Duffie, William A. Beckman. *Solar Engineering of Thermal Processes (Engenharia Solar de Processos Térmicos).*
s.l. : John Wiley & Sons, Inc., Hoboken, New Jersey.

Planning and Installating Solar Thermal systems. s.l. : Primeira edição publicada por James & James (Science Publishers) Ltd no Reino Unido e nos EUA.

www.residentialsolarpanels.org/build-solar-air-heater. [Em linha].

Em linha] www.residentialsolarpanels.org/build-solar-air-heater.

[Em linha] http://energy.gov/energysaver/active-solar-heating.

Enciclopédia das Energias Alternativas. [Em linha].

Printed by Books on Demand GmbH, Norderstedt / Germany